W0174268

ANJA PAHLEN · PETER GÖBEL

Rehkitz
ganz nah

Die Geschichte einer Freundschaft

blv

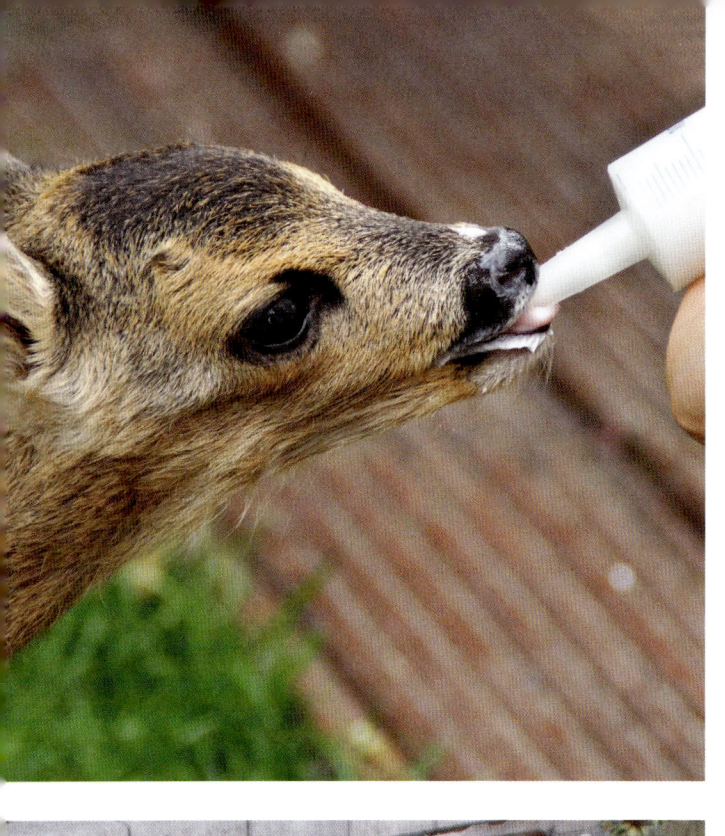

Inhalt

Vorwort

Haben Sie schon einmal ein Rehkitz aufgezogen? Sehr wahrscheinlich nicht. Mein Lebenspartner und ich hatten das Glück, diese Erfahrung zu machen und möchten Ihnen unsere Geschichte erzählen. Hunde sind bekannt als angepasste Haustiere, die sich sogar dressieren lassen. Rehe leben im Wald und Feld, in freier Wildbahn. Sie sind sehr scheue Tiere, die Menschen normalerweise aus dem Wege gehen. Als Waldspaziergänger sehen wir sie bestenfalls über den Waldweg oder über eine Lichtung hinweghuschen.

Die nachfolgende Geschichte mit Bildserien zeigt, wie sich ein Rehkitz verhalten kann, wenn es mit anderen Tieren aufwächst. Fehlt ihm die natürliche Umgebung und die eigene Mutter, dann kann eben auch ein artfremder Sozialpartner, notfalls sogar ein Mensch oder Hund, diese Rolle einnehmen.

Die Bilder beweisen, dass auch Tiere Gefühle haben und sie zum Ausdruck bringen. Unser Rehkitz schaute sich dabei von seinen Hausgenossen so manches ab.

Wildtiere fürchten den Menschen normalerweise als Jäger, der zusammen mit seinem Jagdhund das zu jagende Wild aufspürt. Welch eine Überraschung im Hause Pahlen und Göbel: Jagdhunde und Wildtier pflegten unter der Obhut ihrer »Mutter« eine außergewöhnliche Wohngemeinschaft mit intensiver Freundschaft.

Und das Rehkitz wird zum Haustier, mit allen hausgerechten Gewohnheiten. Man darf gespannt sein auf eine wahre, wundervolle Geschichte.

Viel Spaß beim Lesen wünschen

Anja Pahlen & Peter Göbel

Wie alles begann

*Das war der Anfang einer zugleich
traurigen und wundervollen
Geschichte: Wie jeden Abend
ging ich mit den Hunden spazieren,
als ich plötzlich dieses seltsame
Piepsen hörte.*

Ein Kitz am Uferweg

Am Abend wollte ich mit meinen zwei Hündinnen Zola und Tequila noch am Fluss – der Gersprenz – spazieren gehen. Mit dem Auto fuhr ich mit ihnen bis zum nahegelegenen Parkplatz. Am Flussufer angekommen, hörte ich ein auffälliges Piepsen. Spontan dachte ich an einen Vogel, der aus dem Nest gefallen war, hatte ich doch schon im vergangenen Jahr ein solches »Vogelerlebnis« gehabt.

Als ich mit meinen Hündinnen eine halbe Stunde später zum Auto zurückging, piepste es wieder an der gleichen Stelle. Vom Uferweg aus konnte ich nichts erkennen, also nahm ich die Hunde von der Leine. Beide liefen am Flussufer entlang, und schon bald kam Zola zu mir zurück. Sie schaute mich mit ihren ausdrucksvollen Augen an, und so folgte ich ihr zum Ufer, wo auch Tequila wartete. Sie stand vor einem kleinen fiependen Etwas und ich konnte zunächst gar nicht erkennen, was da vor mir lag. Aber dann bewegte sich aus dem Schlamm hervor ein kleines Köpfchen und Rehaugen schauten mich Hilfe suchend an.

Ich befreite das arme Tierchen aus dem Schlamm und säuberte es mit Wasser aus der Gersprenz. Zuerst dachte ich, es sei besser, das Kitz nicht anzufassen. Sonst würde die Rehmutter ihr Junges wegen des fremden Geruchs vielleicht nicht mehr annehmen. Aber so, wie das Rehkitz dalag, war seine Mutter wohl schon lange nicht mehr in der Nähe gewesen. Wahrscheinlich war es im Schlamm stecken geblieben und hatte seiner Mutter nicht mehr folgen können. Ich zog meine Jacke aus und wickelte das Kitzchen darin ein. Es wehrte sich nicht, denn es war sehr schwach und abgemagert. Die Hunde schauten, während wir zum Auto liefen, aufgeregt und fragend immer wieder zum Rehkitz und zu mir. Ich legte das Fundtier in die Hundebox, neben ihr nahm Zola Platz und Tequila kam auf die Rückbank.

*Aus der Nuckelflasche wollte das Kitz
nicht trinken, der Schnuller war
ihm wohl zu groß. Deshalb kauften
wir eine Spritze in der Apotheke.
Zu Beginn leckte Zola immer
wieder daran und animierte unser
Findelkind so zum Trinken.*

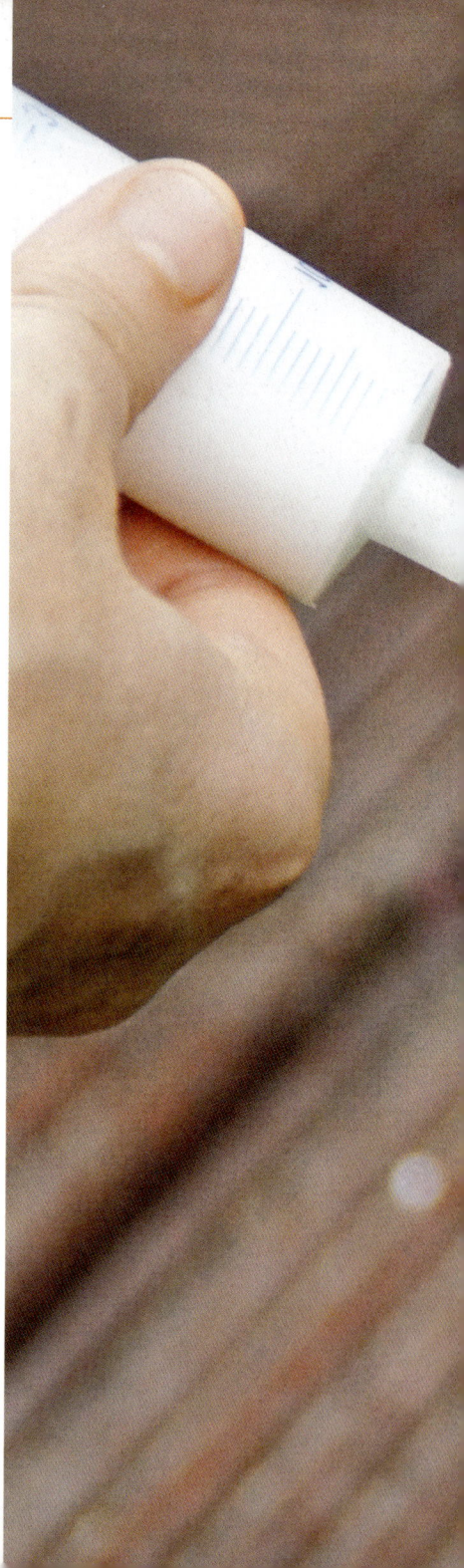

Hilfe suchend rief ich meinen Lebensgefährten Peter an. Er war gerade in einer Sitzung der Pflegegemeinschaft – ein örtlicher Zusammenschluss von Naturschützern. Dort anwesend war auch der Förster von Groß-Zimmern und zwei Mitglieder der Jägerschaft. Das passte gut, denn der eine rief, nachdem er von meinem Fund erfahren hatte, sofort seine Frau an, die auch Jägerin war. Sie vereinbarte einen Treffpunkt mit mir. Als sie das jämmerlich aussehende Kitzlein sah, sagte sie: »Was für eine Katastrophe, man sollte es erlösen!« Ihrer Meinung nach hatte es keine Überlebenschance. Sie riet mir, zur Polizei zu fahren. Sofort machte ich mich zur Polizeistation nach Dieburg auf und bekam wieder einen guten Rat: Ich solle die Wildtierauffangstation anrufen. Peter kontaktierte fünf Auffangstationen, die er im Internet ausfindig gemacht hatte. Alle glaubten, dass das kleine Rehkitz keine Chance hätte. Ich brachte es aber nicht übers Herz, es aufzugeben.

Hilfe für den Findling

Da unsere Hunde das Rehlein offensichtlich akzeptierten, war für uns klar, dass wir es erst einmal bei uns behalten würden. Mit Einverständnis vom Jagdpächter wollten wir wenigstens versuchen, sein Leben zu retten. Aber wie? Das war leichter gesagt als getan. Wir erkundigten uns bei einer Auffangstation, was zur Erstversorgung nötig ist und recherchierten im Internet. Wir kauften Ziegenmilch und erwärmten sie auf die erforderliche Temperatur von 39 Grad. Mit einer Einwegspritze versuchten wir, das Rehlein zum Trinken zu bringen. Alle drei Stunden fütterten wir unser neues Pflegetier mit Ziegenmilch. Wir wechselten uns dabei gegenseitig ab, mit einem Gefühl, als würden wir unser eigenes Baby mit der Flasche füttern.

Bambi sucht eine Ersatzmutter

Wir tauften das süße Rehkitz auf den Namen Bambi. Es war kaum mehr als sieben Tage alt, als es zu uns kam, und wog gerade mal 1150 Gramm. Immer noch schwach auf den Beinen lag es die erste Zeit meistens in der Hundebox. Zola und Tequila haben wohl gespürt, dass es dem kleinen Wesen nicht gutging und dass es auch ihren Schutz brauchte. Eine Woche lang bangten wir um sein Leben, dann ging es mit ihm aufwärts. Als es das erste Mal anfing, an sich zu lecken und sich zu putzen, freuten wir uns alle über diesen Fortschritt. Die Hunde legten sich immer wieder abwechselnd zu dem Rehkitz in die Box. Obwohl es ihr Platz war, hat nie einer versucht, das Kitz zu verdrängen. Ganz im Gegenteil: Sie beleckten und beschnupperten es liebevoll. Bei Zola versuchte das Rehkitz öfter mal, an die Zitzen zu gehen, und so übernahm sie die Mutterrolle. Nach einigen Tagen traute Bambi sich, die Hundebox im Garten zu verlassen. Er war noch sehr wackelig auf den Beinen, suchte sich aber bald einen Ruheplatz zwischen den Büschen.

Es war uns zu gefährlich, das Rehkitz nachts draußen zu lassen. Deshalb ließen wir es nur tagsüber im Garten, nachts nahmen wir es mit ins Schlafzimmer. Dort schlief es in der Hundebox, vor der Zola und Tequila aufpassten.

Nun kam die Frage auf: Ist es weiblich oder männlich? Wir mussten uns ein wenig schlaumachen, um den Unterschied herauszufinden. Am Köpfchen entdeckten wir zwei kleine Knubbel, also würde es einmal ein Rehbock werden. Bei Männchen erkennt man außerdem einen kleinen Knopf (Penisöffnung) in der Mitte der hinteren Körperhälfte.

Unsere Hunde

Tequila

Tequila ist unsere älteste Hündin, ein reinrassiger Parson Russell Terrier. Die kleinen Jagdhunde werden oft für die Fuchsjagd eingesetzt. Dabei gehen sie aber nicht aggressiv vor, sondern bringen den Fuchs durch lautes Bellen dazu, den Bau zu verlassen.

Tequila ist mit ihren elf Jahren eine erfahrene, ausgeglichene Hündin. Sie ist sehr aufmerksam, beherrscht viele Kunststücke und freut sich über jede Zärtlichkeit, die sie auch an andere Hausgenossen weitergibt. Im Haus meiner Kindheit und Jugend durften keine Hunde gehalten

werden. Da gibt es für mich schmerzliche Erinnerungen. Dann endlich, ich war bereits 39 Jahre alt, konnte ich Tequila als Welpe bei einer Studentin in Frankfurt abholen.

Damals war meine älteste Tochter Saskia 15, Miriam 13, und meine jüngste Tochter Nadine war 9 Jahre alt. Sie begleiteten mich voller Freude beim Abholen.

Als ich eines Tages mit Tequila unseren gewohnten Spaziergang machte, traf ich eine alte Bekannte mit drei Hunden. Sie sagte mir, dass der dritte Hund aus dem Tierheim sei. Sie habe ihn einen Monat zur Pflege bei sich aufgenommen. Es war Zola, in die ich mich sofort verliebt habe. Mein Lebenspartner hatte dafür Verständnis, und wir besichtigten Zola zusammen bei einem Spaziergang. Dann nahmen wir sie mit nach Hause, um zu testen, ob Tequila sich mit ihr verstehen würde. Schon nach wenigen Tagen waren sie beste Freundinnen geworden.

Zola

Zola ist in Kroatien geboren und aufgewachsen. Sie ist ein reinrassiger Bretone, der kleinste Vorstehhund für die Niederwildjagd. Zola hat eine gute Nase, ist aber nicht jagdtauglich, da sie Angst hat, wenn es knallt. Da Zola nicht schussfest ist, hatte sie ihr vorheriger Besitzer in einer Tiertötungsstation abgeliefert. Durch den Tierschutz kam sie in ein Heim in Zadar und von dort aus nach Deutschland.

Da Peter und ich einmal einen Urlaub in Zadar verbracht hatten, fühlten wir uns mit Zola noch mehr verbunden. Zola hatte die Probezeit von 14 Tagen bei uns zu Hause sehr gut bestanden und so beschlossen wir, sie zu behalten. Auch sie war nach dieser Zeit sichtlich bei uns »angekommen«.

Zola hat das Talent, sich ganz unvermittelt einzufügen, und beobachtete von Anfang an sehr aufmerksam, wie wir uns verhalten. Anfangs erschien ihr das Hundeverhalten, wie sie es bei Tequila sah, aber nicht einfach. Sie wurde wohl in Kroatien viel geschlagen und lange eingesperrt. Das machte sie bei uns sehr anhänglich und verschmust.

Beim Gassi Gehen hatte sie das Bedürfnis, alles zu beschnuppern. Auch war sie überaus nervös und wechselte fortlaufend die Straßenseiten. Also nahm ich Tequilas Hilfe in Anspruch. Ich leinte die Hunde zusammen und so brachte Tequila Zola das normale Bei-Fuß-Gehen bei. Nach drei Wochen hatte Zola gelernt, wie man an der Leine Gassi geht.

Bambi suchte sich unsere einfühlsame Zola als Ersatzmutter aus. Die zwei hatten sich gesucht und gefunden. Eine außergewöhnliche tierische Freundschaft entstand.

Bambi erobert die Herzen – und das Haus

Nun kam alles anders, als es von uns geplant war. Nach drei Wochen im Garten fing Bambi auf einmal an zu piepsen, als hätte er Hunger nach Milch, obwohl er sich gerade an der Milchspritze satt getrunken hatte. Unruhig ging er draußen am Zaun – den Zugang zum Haus hatten wir wegen des Rehkitzes abgeriegelt – auf und ab. Als wir die Absperrung öffneten, ging er schnurstracks durch die Eingangstür ins Wohnzimmer zu Zola und Tequila, die sich auf ihrer Decke ausgestreckt hatten. Die Hunde akzeptierten das Rehkitz auf ihrem Platz.

Wenn wir schönes Wetter hatten, ließen wir das Kitz zusammen mit den Hunden im Garten herumlaufen. Die Tiere fühlten sich dort wohl in ihrer Dreiergemeinschaft. Als wir eines Tages die Hunde hereinließen, stand das Rehkitz nach ein paar Minuten plötzlich im Wohnzimmer, obwohl wir die Absperrung wieder geschlossen hatten. Es hatte wohl einen Durchschlupf gefunden oder war sogar über den Zaun gesprungen. Wir beschlossen, die Tür an der Zaunanlage vorerst offen zu lassen, damit sich das Rehkitz nicht verletzte. So konnte sich Bambi jetzt frei im Haus und Garten bewegen.

Wir waren nicht wenig erstaunt darüber, wie das Rehkitz auf dem glatten Fußboden elegant aber vorsichtig entlanglief. Es folgte den Hunden ins Esszimmer und in die Küche. Zola war dabei von Anfang an mehr mit dem Rehkitz verbunden. Sie war wohl für das Kitz eine Art Ersatzmama. Es war unübersehbar, dass Bambi sich vieles von den Hunden abschaute und immer wieder ihre Nähe und ihre Zuneigung suchte.

*Wie würde Bambi
in freier Wildbahn leben?*

Der Rothirsch ist auch bei uns heimisch. Als Trughirsch – eine der beiden Unterfamilien der Hirsche – ist das Reh aber enger mit Ren, Elch (rechts oben) und dem amerikanischen Weißwedelhirsch (rechts unten) verwandt.

Aussehen und Merkmale

Das Reh (*Capreolus capreolus*) ist die kleinste in Europa und Teilen Kleinasiens lebende Hirschart und gehört zur Unterfamilie der Trughirsche. Es erreicht eine Schulterhöhe von etwa 60 bis 90 Zentimeter und eine Körperlänge von 100 bis 140 Zentimeter. Das Gewicht ist unterschiedlich: Bei uns heimische, ausgewachsene Rehe wiegen ca. 15 bis 25 Kilogramm, in Osteuropa sind sie fast doppelt so schwer. Dabei sind die Männchen im Allgemeinen etwas größer und schwerer als die Weibchen und tragen außerdem ein kurzes Stangengeweih.

Adulte männliche Rehe haben an jeder Stange normalerweise drei Enden, weshalb sie in der Jägersprache Sechserböcke genannt werden. Auch der Spiegel, ein auffälliger, heller Fleck um den kurzen Wedel (Schwanz), ist bei Ricken und Böcken unterschiedlich geformt. So ist er bei den Geißen herzförmig mit herunterhängenden Haaren, der sogenannten Schürze, und bei den Böcken nierenförmig.

Im Sommer zeigen sich Rehe in einem rotbraunen Fell, das ab Herbst in ein graubraunes Winterfell übergeht. Dieses schützt die Tiere vor der kalten und feuchten Witterung. Das einzelne Haar ist dann hohl, was zur besseren Isolation dient. Im März und April erfolgt der Haarwechsel vom Winter- ins Sommerfell. Auch die Farbe des Spiegels ändert sich mit dem Wechsel des Haarkleides. Im Sommer ist er rötlich-gelb und kleiner, im Winter weiß. An dem Spiegel erkennen Rehe schon von Weitem das Geschlecht ihrer Artgenossen. Außerdem können sie sich gegenseitig warnen, indem sie die Haare des Spiegels nach außen spreizen. Dann hat der helle Fleck am Hinterteil Signalwirkung und die anderen Rehe einer Gruppe wissen, wenn möglicherweise Gefahr lauert.

Rehe auf dem offenen Feld:
Eigentlich sind Rehe an das Leben
im dichten Unterholz angepasst,
kommen aber, anpassungsfähig
wie sie sind, mittlerweile in allen
Biotoptypen vor.

Lebensraum und Anpassungsfähigkeit

Rehe leben meist in Mischwäldern mit umliegenden Feldern und Wiesen. Als Wiederkäuer sind sie reine Pflanzenfresser. Sie sind sehr standorttreu und leben dauerhaft in relativ kleinen Territorien. Rehe gehören zu den Fluchttieren. Wenn Gefahr lauert, suchen sie mit schnellen Sprüngen Deckung im Unterholz. Dank ihrer zierlichen Gestalt und ihren schlanken, hohen Läufen »schlüpfen« sie leicht durchs Unterholz. Deshalb werden sie in der Jägersprache dem sogenannten Schlüpfertyp zugeordnet.

Rehe sind die meiste Zeit über Einzelgänger, nur im Winter schließen sie sich zu kleinen Gruppen von mehreren Tieren, den sogenannten Sprüngen, zusammen. Als wahre Anpassungskünstler können sie ihr Verhalten den Gegebenheiten und veränderten Umweltbedingungen sehr gut anpassen. Sogenannte Feldrehe leben überwiegend auf dem offenen Feld und bilden größere Sprünge. Auch gelten Rehe ursprünglich als tagaktive Tiere, die ihr Verhalten dem Rhythmus der Menschen angeglichen haben. Werden sie tagsüber öfter durch Menschen oder andere Tiere gestört, verlagern sie die Äsungszeiten in die Nacht- bzw. Morgenstunden hinein. Tagsüber halten sie sich deshalb meist in Dickungen auf, wo sie sich sicher fühlen und wiederkauen können.

In der freien Wildbahn werden Rehe oft nur wenige Jahre alt, weil sie dem Straßenverkehr, der Landwirtschaft, Jägern, wildernden Hunden oder Raubtieren zum Opfer fallen. In Tierparks oder Gehegen können sie auch ca. 15 Jahre alt werden.

Wahrnehmung mit den Sinnen

Das Gehör

Was hören wir? Der Bereich des menschlichen Hörvermögens ergibt sich aus Frequenzen, gemessen in Hertz (Hz), und dem Schalldruckpegel, gemessen in Dezibel (dB). Die Wahrnehmungsbereiche verschiedener Lebewesen sind sehr unterschiedlich, ihre Ohren sind auf bestimmte Frequenzen eingestellt. So hören Rehe und auch Hunde mehr hohe Töne und haben außerdem den Vorteil, dass sie ihre Ohrmuscheln in Richtung der Geräuschquelle bewegen können. Ein weiterer Vorteil ist, dass sie ihren Gehörsinn wie auch den Geruchssinn selektiv einsetzen können. Rehe schlafen nur drei bis vier Stunden, und das auch nur über den Tag verteilt mit ca. zwanzig Minuten am Stück. Länger können sie es sich gar nicht erlauben, da sie im Schlaf auch Geräusche nicht mehr wahrnehmen, sich aber vor Feinden schützen müssen. Mehrmals am Tag aber dösen Rehe. Dabei haben sie ihre Augen geschlossen und hören dennoch, wenn etwa ein Ast knackt.

Mit ihren feinen Sinnen können Rehe auch im dichten Unterholz Artgenossen und Fressfeinde wahrnehmen. So hören sie die Verständigungslaute anderer Rehe in ihrer Umgebung und können auch Feinde hervorragend erkennen.

Seh- und Geruchssinn

Rehe sehen die Welt mit anderen Augen als wir. Ihre Lichter, wie ihre Augen waidmännisch auch genannt werden, sind seitlich angebracht und nicht wie beim Menschen nur nach vorne ausgerichtet. Damit haben sie ein ganz anderes Blickfeld und sie können Gefahren auch von der Seite beziehungsweise sogar von hinten erkennen, ohne ihren Kopf zu drehen. Rehe sind zwar farbenblind und ihre Sichtweite ist nicht so gut, aber in der Dämmerung sehen sie viel mehr als wir Menschen.

In der Jägersprache heißt riechen beim Rehwild »winden«. Der Geruchssinn ist beim Rehwild sehr wichtig für die Orientierung und hervorragend ausgeprägt. So hat der Mensch fünf Millionen Riechzellen, der Dackel 125 Millionen, der Schäferhund 220 Millionen und das Reh 320 Millionen Riechzellen. Dadurch kann das Reh einen Menschen schon in einer Entfernung von 300 bis 400 Metern riechen, wenn der Wind die Gerüche heranträgt. Bei Gegenwind hat man eine Chance, näher an das Wild ranzukommen.

Durch die seitlich sitzenden Augen ist das Sehfeld der Rehe relativ groß. Dadurch können sie, ohne den Kopf drehen zu müssen, Bewegungen um sich herum auszumachen. Rehe sind aber vor allem geruchsorientiert. Duftsignale können sie auch über weite Entfernungen gut wahrnehmen.

Rehe suchen als sogenannte Kon-
zentrationsselektierer ihre Nahrung
sorgfältig aus. Was sie fressen,
muss leicht verdaulich sein, aber
gleichzeitig viele Nährstoffe ent-
halten. Rehe fressen Knospen und
Kräuter, Baumtriebe, Süßgräser
und Blumen.

Essen und Ruhen –
Tagesablauf eines Rehs

Der Tagesablauf eines Rehs besteht die meiste Zeit aus Futtersuche, Äsen und Wiederkauen. Phasen der Aktivität und des Ruhens wechseln sich tags- und auch nachtsüber mehrmals ab. Dass sie so viel mit Essen beschäftigt sind, hat mit dem geringen Nährwert der Nahrung und mit ihrem kleinen Pansen zu tun. Täglich müssen sie bis zu fünf Kilogramm Grünäsung aufnehmen, um ihren Bedarf zu decken. Dabei suchen sie sich ihre Nahrung als sogenannte »Konzentratselektierer« sorgfältig aus.

Mithilfe ihres ausgezeichneten Geruchssinns suchen sie leicht verdauliche Nahrung, die energie- und proteinreich ist: Knospen und Gräser im Frühjahr, Kräuter, Laubtriebe und Gräser im Sommer, Farne, Brombeeren, Schachtelhalme und Knospen im Winter. Auch Hafer, Weizen oder Raps werden gerne genommen. Je nach Gebiet bevorzugen Rehe auch individuell verschiedene Futterpflanzen.

Wenn ein Reh sich ausruhen möchte, sucht es sich einen passenden Unterschlupf im Gebüsch. Es scharrt sich mit den Vorderläufen ein Lager und legt sich dann nieder. Mit hoch erhobenem Kopf döst es und käut wieder. Wenn Rehe ihren Kurzschlaf halten, ist der Kopf gesenkt und sie nehmen leise Geräusche nicht wahr. Stehen sie dann wieder auf, strecken sie sich erst einmal und belecken sich. Dadurch säubern sie ihr Fell.

Paarungsverhalten – die Hormone geben den Takt vor

Auch wenn die Verhaltensweisen der Rehe individuell sehr unterschiedlich sein können, so geben die Sexualhormone in vielerlei Hinsicht den Takt vor. Vom zweiten Lebensjahr an ist das Rehwild fortpflanzungsfähig, Mitte Juli bis Mitte August ist die Paarungszeit (Brunft). Weibliche Rehe locken die männlichen Tiere mit lautem Fiepen. In der Jagdsprache nennt man die Hochzeit der Brunft auch Blattzeit, da die Jäger mit einem Blatt, zum Beispiel einem Buchenblatt, den Fiepton der Ricke nachahmen und so die Böcke anlocken.

Der Rehbock wird durch das Fiepen der Ricke und durch Duftsignale gelockt. Oft muss er ihr über weite Strecken folgen, um zum Erfolg zu kommen, und jagt ihr keuchend hinterher.

Die Ricke ist nur drei bis vier Tage brunftig. Wenn der Rehbock dann in ihre Nähe kommt, flüchtet sie und das Spiel beginnt. Der Bock verfolgt die Fährte der Ricke oft über mehrere Kilometer hinweg. Bei diesem Treiben ist der Bock mit lautem Keuchen zu hören. Wenn die Ricke bereit ist, bleibt sie stehen und lässt sich beriechen und belecken. Dann steigt der Bock auf. Der sogenannte Beschlag ist dann nur ein kurzes Ritual, kann aber bis zu 20 Mal wiederholt werden. Meistens bleiben die Böcke, solange die Brunft der Ricke andauert, in ihrer Nähe. Gibt es nur wenige weibliche Rehe in einem Revier, dann sucht der Bock das Weite, bis er eine andere Ricke findet.

Kämpfe und Gefahren

Zu heftigen, gelegentlich sogar tödlichen Kämpfen kann es kommen, wenn ein brunftiger Bock in das Revier eines anderen eindringt. Konkurrenz dulden sie zu dieser Zeit nämlich nicht in ihrer Nähe. Begegnen sich zwei Böcke, kommt es zu Drohverhalten. Dabei senken die Rivalen ihren Kopf und stoßen mit dem Geweih in Richtung des anderen. Mit großem Imponiergehabe wird mit den Vorderläufen gescharrt (das sog. Plätzen) und mit einem der Hinterläufe gestampft. Beim eigentlichen Stoßkampf stoßen die Böcke frontal mit ihrem Geweih gegeneinander und drücken sich kräftig. Der Verlierer geht in eine Demutsstellung und flüchtet danach.

Die Rehböcke verlieren während der Brunftzeit viel Körpergewicht. Durch das hektische Treiben und Suchen verbrauchen sie viele Kalorien. Leider kommt es während der Brunftzeit auch häufig zu Verkehrsunfällen, wenn hormongesteuerte Böcke und Ricken vermehrt und zu allen Tageszeiten unterwegs sind und auf der Suche nacheinander Straßen kreuzen. So trifft es während der Hochphase der Brunft besonders viele Rehe.

Rehböcke verteidigen ihre Reviere und zu kämpferischen Auseinandersetzungen kann es das ganze Jahr über kommen. Ab Ende des Winters steigern sich die Imponier- und Drohkämpfe und finden ihren Höhepunkt im Mai. Die Rangordnungen werden festgelegt.

Die Kitze drücken sich reglos ins Gras, um vor Feinden sicher zu sein. In den ersten Lebenstagen haben sie noch keinen Eigengeruch und ziehen somit keine Raubtiere an. Zu den natürlichen Feinden des Rehs gehören unter anderem Wolf (Mitte) und Luchs (unten).

Rehkinder in freier Wildbahn

Rehe gehören zu den wenigen Tieren, bei denen eine Eiruhe stattfindet. Diese Fähigkeit ist außergewöhnlich und bei Huftieren einzigartig. Das befruchtete Ei entwickelt sich dann erst ca. vier Monate nach der Einnistung weiter, damit die Geburt und Aufzucht in die Zeit zwischen Mai und Juni des darauffolgenden Jahres fallen, wenn ein großes Äsungsangebot gegeben ist.

Unser Bambi war ein Nachzügler und kam wahrscheinlich am 1. Juni auf die Welt. Mit einem Gewicht zwischen 1100 bis 1500 Gramm werden die Kitze geboren. Oft sind es Zwillinge oder sogar Drillinge, selten Vierlinge. Sie stehen schon innerhalb kurzer Zeit nach der Geburt auf den Beinen, liegen in der ersten Zeit aber meist im hohen Gras oder im dichten Unterwuchs, um Energie zu sparen. Die Rehkitze suchen selbst ihren Liegeplatz aus und verharren in bestmöglicher Deckung. Mit ihren hellen Kitzflecken im Fell sind sie dort vor ihren Feinden relativ gut getarnt. Da sie fast geruchslos sind, können sie nicht so einfach aufgespürt werden. Die Rehmutter kommt nur zum Säugen zu ihren Kitzen, wobei Geschwisterkitze zwischen 20 bis 80 Meter getrennt voneinander liegen können.

Die Ricke und ihre Kitze verständigen sich durch ein lautes Fiepen. Sie suchen jeden Tag ein neues Versteck, um nicht so einfach entdeckt zu werden. Bei Gefahr ducken sie sich und bleiben bewegungslos und sind somit gut von ihren Feinden geschützt. In den ersten Wochen lebt die Rehmutter mit ihren Jungen alleine in einem kleinen Aktionsradius, den sie gegen andere Ricken verteidigt.

Weg in die Selbstständigkeit

Schon mit einer Woche fressen die Kitze die ersten Blätter und Kräuter, wie Löwenzahn, Gänsefingerkraut oder Klee. Nach etwa vier Wochen folgen sie der Ricke und haben dann auch Kontakt zu ihren Geschwistern. Zusammen mit ihren gleichaltrigen Artgenossen erlernen sie in einem Alter zwischen vier Wochen und sechs Monaten spielerisch das Kampf-, Markier- und Brunftverhalten.

Nach etwa zehn Wochen nehmen sie regelmäßig eiweißreiches Grünfutter zu sich. Zwischen Mitte März und Mitte Mai des darauffolgenden Jahres lösen sie sich allmählich von ihrer Mutter und werden manchmal sogar mit einem aggressiven Verhalten von der Ricke dazu aufgefordert, die Familie zu verlassen. Da die nächste Generation ansteht, müssen sie weichen und alleine ihren Weg gehen. Am Anfang des Herbstes schließen sie sich wieder in kleinen Grüppchen, den Sprüngen, zusammen. Den ersten Sommer aber verbringen sie meist wenige Kilometer vom Geburtsort entfernt. Während sich die jungen Geißen auch einmal älteren Böcken anschließen, bleiben die männlichen Jungtiere das erste Halbjahr oft alleine.

Rehkitze fangen schon sehr früh an, Grünzeug, wie Himbeer- oder Brombeerblätter, Klee oder Löwenzahn –, den mag Bambi besonders gerne – zu fressen. Auch getrocknetes Laub sollte ihnen zur Verfügung stehen.

Reh und Mensch

Rehe im Ballungsgebiet haben es nicht leicht. Sie werden durch Spaziergänger, Jogger oder Hundebesitzer zunehmend in ihrer Umgebung gestört. Dadurch kommt ihr Biorhythmus durcheinander und die Tiere weichen öfter in die Dämmerungsphase aus. Zusätzliche Verkehrswege, auch Radwege, die unsere Natur durchpflügen, bringen die Wildtiere immer mehr in Bedrängnis. Durch die Zunahme der Erholung suchenden und Sport treibenden Menschen in der Natur werden auch die Rehe gestört. Wird die Wiederkauphase unterbrochen, kann der ganze Verdauungsprozess durcheinanderkommen. Darum ist es wichtig, naturnahe Ökosysteme zu schaffen, die groß genug sind. Große Wildruhezonen sind wünschenswert, aber in Ballungsgebieten schwierig umzusetzen. Das dichte Verkehrsnetz lässt dies kaum zu.

Bei Rehen in der Paarungszeit besteht besonders große Gefahr, da es in der heißen Phase kein Halten für die Böcke gibt. Sie laufen blindlings der fiependen Ricke hinterher, auch über viel befahrene Straßen, und werden dadurch oft zum Unfallopfer.

Insbesondere zur Paarungszeit kreuzen Rehe oft die Straßen. Die Böcke verfolgen flüchtende Geißen, das gehört zum Paarungsritual. Dabei wechseln beide auch die Straßenseiten.

*Da Rehe kaum mehr natürliche
Feinde haben, muss ihr Bestand
durch die Jagd reguliert werden.
Zu viel Reh-, aber auch Dam-
und Rotwild schadet dem Wald,
weil sie die Rinde junger Bäume
und Triebe abfressen.*

Jagdrecht in der Bundesrepublik

Natürliche Feinde hat das Reh immer seltener. Dazu zählen der Luchs, Fuchs, Adler und der Wolf.

Natürlich dürfen die Rehe sich nicht ungehindert vermehren, da zu viele von ihnen dem Wald schaden. Durch Verbiss und Fegen würde sich der Wald nicht mehr verjüngen. Darum müssen wir Menschen gezielt in die Natur durch Abschuss der Tiere eingreifen.

Laut der Berner Konvention im Jahre 1979 darf das Reh bejagt werden, allerdings nur in einem Umfang, der den Bestand nicht gefährdet.

Bundesjagdgesetz
Gemäß Paragraf 2 gehört das Reh zu den jagdbaren Arten und hat geschlechts- und altersspezifische Jagdzeiten:
Kitze: 1. September bis 28. Februar
Schmalrehe: 1. Mai bis 31. Januar
Ricken: 1. September bis 31. Januar
Böcke: 1. Mai bis 15. Oktober

Länderspezifische Jagdzeiten (Beispiel Hessen)
Kitze: 1. September bis 31. Januar
Schmalrehe: 1. Mai bis 31. Januar
Ricken: 1. September bis 31. Januar
Böcke: 1. Mai bis 31. Januar

Feinde und Schutzstatus

Aber der wirkliche große Feind ist der Mensch. Man denke nur an die Autos, Traktoren, Erntemaschinen, Jäger und Hundebesitzer. Oft lassen arglose Hundebesitzer ihre lieben Vierbeiner frei in der Natur laufen. Wenn die Hunde dann ein Wildtier sehen, sind sie oft nicht mehr zu stoppen und jagen ihm instinktmäßig hinterher. Auch wenn sie die Rehe nicht erwischen, verbrauchen die gehetzten Tiere viel Energie und geraten in Stress. Das kann gerade für hochtragende Ricken lebensgefährlich werden.

Unser Verkehrsnetz wird zunehmend dichter, natürliche Landschaften werden immer mehr zugebaut und Rücksicht auf bestehende Wildwechsel wird kaum genommen. Einige positive Ansätze gibt es, wie über Autobahnen führende Wild- oder Grünbrücken. Sie verbinden die Lebensräume der Wildtiere, damit sie gefahrlos über die stark befahrenen Verkehrswege kommen. Sie müssen mindestens eine Breite von 50 Meter haben, da die Wildtiere die Brücke sonst nicht annehmen. Die Seitenränder sollten außerdem mit Büschen bepflanzt werden. Zudem sind Wildzäune an den Straßen anzubringen, damit die Tiere zu den Brücken geleitet werden. Man schützt somit Mensch und Tier!

Eine Wildbrücke wie über die A31 bei Dorsten hilft den Wildtieren, die stark befahrene Straßen gefahrlos zu überqueren. Grünbrücken verbinden außerdem Lebensräume des Wildes, die durch Verkehrswege zerschnitten sind.

Eine neue
Hausgemeinschaft

Bambi lernt schnell

Nachdem wir uns dazu entschieden hatten, dass sich Bambi mit den Hunden im Haus und Garten frei bewegen durfte, änderten sich auch seine Gewohnheiten. Das Rehkitz piepste jetzt nicht mehr, wenn es Hunger hatte. Es kam in die Küche und leckte gierig mit der Zunge. Da wir die Ziegenmilch in der Mikrowelle erwärmten, wurde durch dreimaliges Klingeln angezeigt, wenn die voreingestellte Zeit abgelaufen war. Das schlaue Tier wusste immer, wann die Milch trinkfertig war. Es eilte dann sofort zum unteren Treppenbereich, wo wir es fütterten. Dort legten wir ein Handtuch auf den Boden, damit Bambi einen festen Stand auf den Fliesen hatte.

Aber auch wenn wir die Mikrowelle für unsere Mahlzeiten benutzten, kam das Rehkitz beim Klingeln der Mikrowelle in die Küche. Einmal am Tag gaben wir den Hunden Leckerli, dann kamen natürlich nicht nur sie, sondern auch das Rehkitz angelaufen. Für Bambi gab es Weintrauben, die er schmatzend genoss. In der Ruhezeit, wenn ich mich zum Mittagsschlaf niederlegte, kuschelten sich nicht nur beide Hunde, sondern auch das Rehkitz zu mir, schlossen ihre Augen und genossen mit mir zusammen die Ruhezeit.

Bambi hatte sich entschieden, nicht nur im Garten, sondern wie die Hunde in einer Wohngemeinschaft mit uns zusammenzuleben. Unser kleines Rehböckchen fühlte sich dabei sichtlich wohl.

Bambi hüpft aufs Sofa und steigt Treppen

Den Abend verbringen wir gerne auf dem Sofa im Wohnzimmer, unserem Fernsehplatz. Zola und Tequila wissen das und machen sich oft schon vorher auf dem Sofa breit, um sich neben uns zu kuscheln. Und siehe da, jetzt gesellte sich auch das Rehlein dazu. Mit lang ausgestreckten Beinen legte es sich neben mich und bettete das Köpfchen auf meinen Schoß, um gestreichelt zu werden.

Wir waren sehr überrascht, als Bambi sich nicht nur zu uns aufs Sofa gesellte, sondern auch noch Treppen steigen lernte. Unser Bockkitz lebte sich sehr schnell im Haus ein.

Am späten Abend hatten wir Bambi normalerweise in der Hundebox die Treppe hochgetragen und sie neben dem Hundeschlafplatz in unserem Schlafzimmer abgestellt. Wir trauten unseren Augen nicht, als wir eines Tages unser Kitz die Treppen hochgehen sahen. Oben wartete es drauf, dass wir die Schlafbox brachten, damit es sich für die Nacht hineinlegen konnte. Etwas gewöhnungsbedürftig war für uns zu Beginn, dass Bambi nachts schmatzte und dabei mit den Zähnen knirschte. Aber das gehörte bald zum Alltag. Morgens stand Bambi dann vor der Badezimmertür und wartete, um mit uns zusammen die Treppe hinunterzugehen. Unten wartete er am gewohnten Ort, dem Treppenaufgang, auf die Frühstücks-Ziegenmilch.

Im nassen Zustand sah Bambi ein wenig aus wie ein gerupftes Huhn. Er wurde jedoch nicht nur gebadet wie die Hunde, sondern lernte auch schnell, in den Einkaufskorb zu schauen, ob wir auch für ihn ein Leckerli wie für die Hunde mitgebracht hatten.

Badespaß

Als wir die Hunde wieder einmal in der Badewanne abbrausen wollten, nahmen wir das Rehkitz mit ins Badezimmer. Zola und Tequila hatten wie immer viel Spaß beim Abduschen und genossen es, sich danach im Handtuch zu wälzen. Für Bambi legten wir die Duschvorlage in die Badewanne, damit er einen sicheren Stand hatte. Auch unser Bockkitz genoss den warmen Wasserstrahl und sonnte sich anschließend im Garten, um trocken zu werden. Zola beschnupperte das Rehkitz und leckte es ab. Wenn wir den Garten bewässerten, kam nun auch Bambi manchmal zu uns und wollte abgebraust werden.

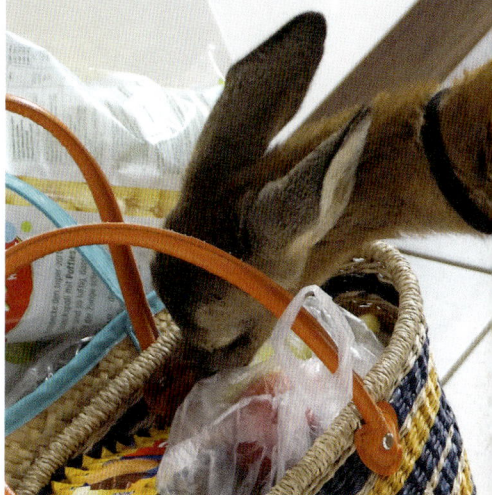

Einkaufen

Wenn wir zum Einkaufen gingen und unsere Tiere allein im Hause zurückließen, hielten sie erwartungsvoll nach uns Ausschau. Die Hunde lagen auf dem Sofa und Bambi hatte sich auf dem Teppich vor der Haustür niedergelegt. Wenn wir die Haustür öffneten, kamen sie alle angelaufen und freuten sich, jeder auf seine Art. Die Hunde bellten und wedelten mit dem Schwanz und Bambi begrüßte uns, indem er sein Köpfchen an unserem Hosenbein rieb. Die Hunde inspizierten als Erstes unseren Einkaufskorb, in Erwartung eines Leckerlis. Das hatte sich Bambi sehr schnell abgeschaut und durchsuchte ebenfalls aufgeregt unseren Einkaufskorb. Aber auch wir sind lernfähig und gewöhnten uns an, auf dem Feld einen kurzen Zwischenstopp zu machen und ein paar Löwenzahnblätter zu pflücken, die wir auf den Einkaufskorb legten. Die nahm Bambi sofort schmatzend zu sich. Was uns immer wieder verblüffte, war, dass es unter den Tieren keinen Futterneid gab und sie sogar gemeinsam aus einem Topf tranken.

Erste Waldgänge

Das Rehlein war gerade ein paar Wochen alt, als wir unsere drei »Haustiere« in die zwischenzeitlich vergrößerte Box packten und mit ihnen einen Ausflug machten. Wir ließen sie mitten auf einer Wiese herausspringen. Mit Zola und Tequila hatten wir schon oft diese Waldgänge gemacht, aber wie würde sich jetzt unser Bambi verhalten?

Wir hatten unsere Bedenken, aber siehe da, das Böcklein hüpfte und rannte umher.

Genau wie Zola und Tequila kam es dann ganz selbstverständlich wieder zum Auto zurück. Wir alle freuten uns über dieses Erlebnis und wir beschlossen, noch öfter mit den Tieren in den Wald zu fahren. Hier konnte sich das Rehkitz nach Herzenslust austoben und vielleicht auch die Gegend kennenlernen.

Wir gingen auch immer wieder in die Nähe der Stelle zurück, wo wir Bambi gefunden hatten, in der Hoffnung, dass er vielleicht doch noch bei der Rehmutter Anschluss finden würde. Auf den großen Feldern war nun öfter eine Gruppe von fünf Tieren zu sehen. Vielleicht war ja die Mutter von Bambi darunter? Auch hatten wir erfahren, dass Ricken bis zu drei Wochen nach der Geburt fremde Kitze annehmen. Nach der Prägungsphase (drei bis fünf Wochen) nehmen sie keine fremden Kitze mehr an.

Draußen in der freien Natur genoss Bambi seine Freiheit in vollen Zügen. Unser Findling kam wie selbstverständlich immer wieder zu uns zurück.

Während ich für Bambi Grünzeug pflückte, konnte sich unser Rehkitz auf der Wiese frei bewegen. Fast jeden Tag brachten wir ihm frischen Löwenzahn mit, seine Leibspeise.

Sicherheit muss sein

Um das Kitz bei unseren Ausflügen keinen Gefahren auszusetzen, etwa durch fremde Hunde oder landwirtschaftliche Maschinen, fuhren wir vor allem zu versteckten und wenig besuchten Wiesen und Waldstücken. Da Peter 20 Jahre als Forstwirt im Gemeindewald Groß-Zimmern gearbeitet hat, kennt er viele ruhige Plätze in der näheren Umgebung. Dort konnte sich Bambi nach Herzenslust austoben und die Natur kennenlernen.

Im Auto transportierten wir Bambi zusammen mit Zola in der Hundebox, damit er sich während der Fahrt nicht so alleine fühlte. Draußen hüpfte und rannte das Kitz dann umher, immer wieder zwischendurch grasend. Dabei knabberte es verschiedene Gräser – vor allem seine Lieblingsspeise, nämlich Löwenzahn. Den pflückten wir bald jeden Tag frisch vom Feld. Außerdem brachten wir Heu mit, das auf den frisch gemähten Feldern liegen geblieben war. Bald trank Bambi nur noch dreimal am Tag Ziegenmilch. Wie ein Kind wandte er sich langsam, aber sicher vom Flaschentrinken ab und ging zur festen Nahrung über.

*Bambi und die Hunde bildeten eine
feste Gemeinschaft und alle zusammen teilten wir unsere Alltagsrituale.
Zusammen mit Tequila und Zola
begrüßte uns Bambi, wenn wir von
der Arbeit nach Hause kamen.*

Ein eingespieltes Team

Nun lebten wir schon viele Wochen mit unseren ganz unterschiedlichen Hausgenossen zusammen. Wer allerdings so wie wir schon längere Zeit mit vielen
Tieren zusammenlebt, der bekommt einen ganz anderen Einblick in die Art
und Weise, wie sie miteinander umgehen. Selbst ein Wildtier kann sich in eine
Hausgemeinschaft einfügen. Bambi lebte mit den Jagdhunden zusammen, als
wäre das ganz gewöhnlich, und teilte mit uns alle Alltagsrituale. Beim Frühstück, Mittag- oder Abendessen kam er an den Tisch und nickte mit seinem
Köpfchen, wenn er leckere Trauben oder Ähnliches haben wollte. Beim Fernsehabend lag Bambi gemütlich mit uns auf dem Sofa und genoss das Zusammensein. Selbst am Silvesterabend, an dem die Hunde ganz aufgeregt in der
Wohnung herumliefen, blieb Bambi gelassen auf dem Sofa liegen. Die Schüsse und Böller machten unserem Rehkitz nicht viel aus, was uns ziemlich überraschte. Das Böckchen lernte viel von den Hunden. Nachdem es gesehen
hatte, wie sie fürs Gassi Gehen ihr Hundegeschirr angezogen bekamen, ließ
auch Bambi sich ein Geschirr anziehen, und so gingen wir abends noch eine
kleine Runde zusammen spazieren.

Spät am Abend gingen wir alle gemeinsam ins Schlafzimmer, wo die Hunde
ihren Hundeschlafplatz haben. Dem Rehkitz bereiteten wir ein gemütliches
Nachtlager mit Heu, Wassernapf und Hafer vor. Dort legte es sich gemütlich
hin und stand nur ab und zu auf, um Nahrung zu sich zu nehmen.

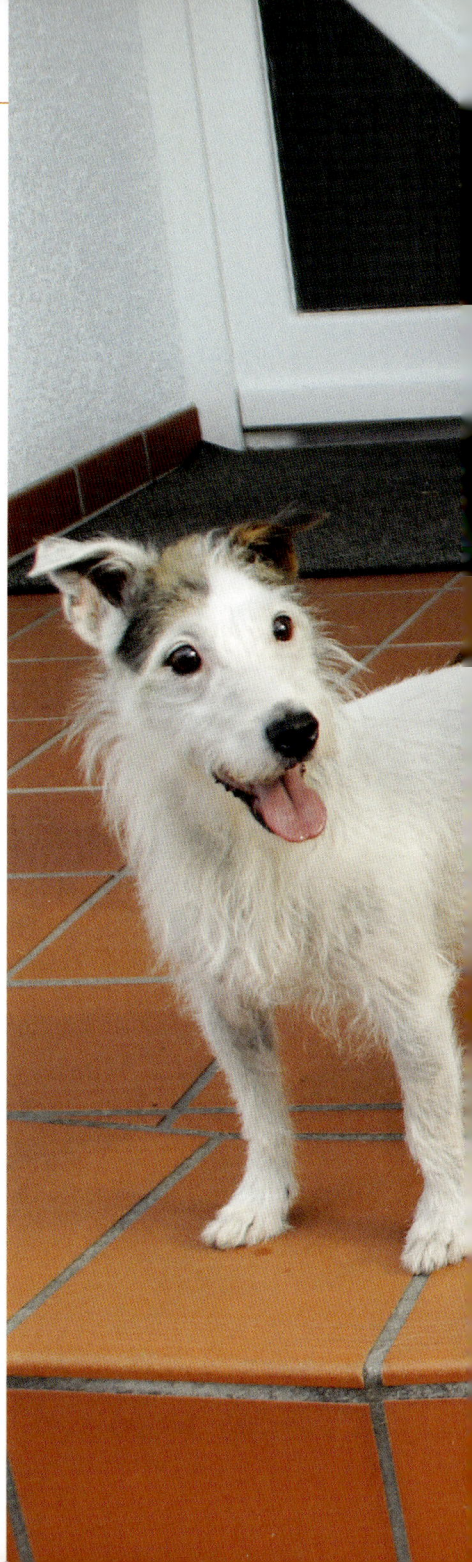

Bambi hatte sich voll und ganz in unseren Alltag eingefügt. Er pflegte sein Geschäft im Garten auf dem Rasen zu verrichten. Abends hatte er seinen Platz im Haus, wo wir mit Folie, Zeitungspapier und Stroh einen Platz für ihn hergerichtet hatten.

Alltagsrituale

Wenn frühmorgens der Wecker klingelte, gingen wir ins Badezimmer und die Hunde warteten mit Bambi auf dem Flur vor der Tür. Danach gingen wir alle zusammen die Treppe hinunter und in die Küche. Nachdem das Rehkitz seine Ziegenmilch bekommen hatte, öffneten wir die Wohnzimmertüre zum Garten. Bambi hüpfte dann sofort hinaus, machte dort sein Geschäft, kam wieder zurück ins Haus und gesellte sich zu den Hunden. Dort suchte er sich wie Zola und Tequila ein gemütliches Plätzchen, um seine Mahlzeit, die er nachts gefressen hatte, wiederzukäuen.

Während wir arbeiteten, saß Bambi am liebsten auf der Ledercouch und wartete zusammen mit den Hunden gespannt auf unsere Rückkehr. Wenn wir dann zusammen am Esstisch saßen, waren immer auch die Hunde und das Kitz anwesend. Während die Hunde ihr Leckerli erwarteten, bekam das Rehkitz seine klein geschnittenen Häppchen. War Bambi satt, wackelte er mit seinem Köpfchen, sodass die Ohren schlackerten.

Wenn ich mit den Hunden Gassi ging und das Rehkitz dann allein zu Hause war, rief es mit piepsiger Stimme nach den Hunden und mir. Deshalb ließen wir den Fernseher laufen, wenn das Kitz alleine auf uns warten musste. Bambi ließ es sich dann schmatzend und wiederkäuend auf dem Sofa gut gehen. Der Anblick war für mich immer wieder ein Grund zur Freude, stimmte mich aber auch traurig, wenn ich daran dachte, dass Bambi irgendwann nicht mehr bei uns sein würde.

Bambi wird berühmt

Unsere Heimatzeitung berichtete über unser Rehkitz unter der Titelüberschrift »Da sitzt ein Reh aufm Sofa«. Was dann geschah, hätte sich von uns keiner vorstellen können: Es folgte eine Flut von Telefonanrufen nicht nur von Privatleuten, sondern auch von Presse, Rundfunk und Fernsehen. Alle wollten sie mehr über das Zusammenleben mit unserem Rehkitz erfahren. Auch andere Rehfreunde, die Findelkinder bei sich aufgenommen hatten, riefen uns an, um Erfahrungen mit uns auszutauschen. Wir erhielten ausschließlich positive Reaktionen auf die Rettung unseres Kitzes.

Viele Pressetermine folgten bei uns zu Hause. Und wir wurden nicht nur in unserer Heimat bekannt, sondern es erschien auch ein Bericht mit drei Bildern in Deutschlands größter Boulevardzeitung. Dass so viele Menschen sich für unsere Geschichte begeistern würden, hätten wir auch nicht erwartet. Öffentlich-rechtliche Fernsehsender und mehrere große private Fernseh- sowie Radiosender machten Aufnahmen mit uns und berichteten über unser Zusammenleben. Danach wurden wir alle in ein Fernsehstudio live eingeladen, was Bambi mit Bravour meisterte.

Dass unser Rehkitz einmal live im Fernsehstudio auftreten würde, hätten wir auch nicht erwartet. Wir bekamen sehr viele Zuschriften und wunderten uns über das Aufsehen, das unsere ungewöhnliche Hausgemeinschaft hervorgerufen hatte.

Artenbestimmung frei nach Disney

Nachdem Bambi zum Medienstar geworden war, meldeten sich mehrere Personen, die ihn gerne bei sich aufnehmen wollten. Darunter waren einige Menschen, die große Grundstücke mit mehreren Tieren, wie Schafe, Alpakas, Pferde und andere Rehe, besaßen. Oder eine Dame, die einen Rehbock für ihre Rehgeiß suchte, damit diese nicht mehr so alleine im großen Garten sei. Außerdem boten mehrere Tierparks an, Bambi aufzunehmen. Einige Anrufer machten uns auf die vermeintlich falsche Namensgebung aufmerksam. Der Kinderfilm *Bambi* aus dem Jahre 1942 aus dem Walt-Disney-Studio zeigt nämlich einen Weißwedelhirsch und kein Rehkitz. Der Name ist dennoch richtig, da Felix Salten, ein österreichisch-ungarischer Schriftsteller, die Geschichte und Filmvorlage *Bambi – Eine Lebensgeschichte aus dem Walde* (1923) schrieb. Das Original handelt von einem jungen Reh, das seine Mutter bei einer Treibjagd verliert. Der Name Bambi wurde abgeleitet von dem italienischen Wort für Kind, *bambino*. Da es in Amerika keine Rehe gibt, wandelte man das Rehkitz in einen Weißwedelhirsch um. Tatsächlich ist unser Europäisches Reh aber näher mit dem Weißwedelhirsch und zum Beispiel auch mit dem Elch verwandt als mit dem heimischen Rotwild.

Auch Bambi in der Erzählung von Felix Salten ist ein verwaistes Rehkitz. In der Disney-Verfilmung wurde aus dem Rehkitz ein junger Weißwedelhirsch (siehe Foto), eine in Amerika heimische Hirschart.

*Die Hunde und Bambi machten
es sich während des Gewitters
gemütlich und legten sich
zusammen in unser Bett.
Offensichtlich fühlten sie sich
gemeinsam in unserem Schlafzimmer sicherer.*

Sturm und Gewitter

Als unsere drei »Kinder« einmal, wie es manchmal vorkam, alleine zu Hause waren, kam ein Sturmtief herangezogen. Es regnete und gewitterte heftig und ich machte mir natürlich Sorgen um die daheimgebliebenen Tiere. Besonders Tequila hat Angst vor Feuerwerk und Gewitter und reagiert empfindlich auf laute Geräusche. In solchen Momenten sitzt sie dann jedes Mal unruhig und vor Angst hechelnd auf meinen Schoß.

Als ich an besagtem Tag von der Arbeit zurück nach Hause kam und die Eingangstür öffnete, kamen mir aber wider meiner Erwartung weder Bambi noch die Hunde entgegen. Besorgt ging ich durchs Haus, um nach den Tieren Ausschau zu halten. Da fand ich endlich alle drei im Schlafzimmer vor, zusammengekuschelt auf unserem Bett liegend. Das war vielleicht ein Anblick! Als ich die Tiere so sah, freuten wir uns alle zusammen: ich über dieses Bild des Wohlfühlens und der Eintracht, die Hunde und Bambi, weil sie froh waren, nicht mehr allein dem Unwetter ausgeliefert zu sein.

Gewitter schien auch unserem Rehböckchen nicht geheuer zu sein. Wenn es regnete und stürmte, hielt sich nämlich auch unser Bambi lieber drinnen im Haus auf. Er ging dann nur kurz in den Garten, um sein Geschäft zu verrichten, und kam anschließend ohne Umschweife sofort wieder ins Haus zurück. Erst sobald sich die Wetterlage gebessert hatte, fühlte sich Bambi im Garten wieder richtig wohl.

Bambi tobte richtig im Schnee umher. Das machte ihm einen Heidenspaß und er genoss sichtlich, seinen ersten Winter zu erleben.

Bambis erster Schnee

In der Nacht fing es an zu schneien und am nächsten Tag lag im Garten mehr als acht Zentimeter hoher Schnee. Bambi ging gerade wie jeden Morgen durchs Wohnzimmer, um durch die Terrassentür in den Garten zu gelangen. Das Böcklein staunte nicht schlecht, als es sah, dass sich der Garten über Nacht in eine weiße Winterlandschaft verwandelt hatte. Zögerlich ging es hinaus und beschnupperte den Schnee am Hochbeet und leckte vorsichtig ein wenig davon ab.

Peter und ich formten kleine Schneebälle und warfen sie in die Luft. Zola und Tequila fingen diese mit der Schnauze auf und tobten dabei. Wir staunten, als Bambi ebenfalls anfing, übermütig im Schnee herumzuspringen. Bambi hüpfte richtig hoch, mit allen Vieren, und man konnte sehen, wie er sich freute. Dass ein Wildtier so viel Freude an Schnee haben kann, hätte von uns keiner gedacht.

Es hat uns richtig Spaß gemacht, den Tieren beim Umhertollen zuzuschauen. Als sie sich ausgetobt hatten, gingen sie wieder ins warme Haus zurück. Bambi legte sich auf die Couch neben dem Holzofen. Sein Winterfell war nicht so ausgeprägt wie das von in freier Wildbahn lebenden Tiere. Als »Haustier« war er den Witterungsverhältnissen schließlich nicht so stark ausgesetzt. Und so wärmte er sich gerne im behaglichen Wohnzimmer wieder auf und ließ sein Fell trocknen.

Bambi ist kein Baby mehr

Bambi wachsen Hörner

Als Bambi zu uns kam, war er noch kleiner als Tequila, klein und hilflos. Und ehe wir uns versahen, war er schon größer als Zola. Bald würde unser Bambi in dem Alter sein, in dem ein Kitz seine Rehmutter verlässt. Aber daran durfte ich gar nicht denken, sonst kamen mir schon die Tränen. Vor allem Zola würde der Abschied sehr schwerfallen.

Mittlerweile waren an seinem Köpfchen schon Anzeichen eines Geweihs zu spüren. »Alles hat seine Zeit«, so steht es schon in der Bibel. Aus unserem Kitz würde bald ein Rehbock werden, und unsere so liebevoll zusammengewachsene Hausgemeinschaft würde so nicht bleiben können. Als Wildtier sollte ein Reh auch wieder in die Natur zurück. Immer wieder strichen wir unserem Bambi über den Kopf – das geschah schon ganz unbewusst – und befühlten die sich herausdrückende Knochensubstanz. Bambi war jetzt vier Monate bei uns. Nie hätten wir uns vorstellen können, dass sich zwischen unseren Jagdhunden und dem Rehkitz eine so innige Freundschaft entwickeln würde. Uns selbst hatten die Tiere so viel Freude ins Haus gebracht. Immer wieder waren wir begeistert über ihr Verhalten und wie sie draußen ihre Freiheit auslebten, und dann aber alle drei wieder zu uns zurückkamen.

Auch als Bambi schon zu einem richtigen Rehbock heranwuchs, bestand noch eine enge Freundschaft zwischen ihm und den Hunden. Das wurde auch mit Zuneigungsbekundungen zum Ausdruck gebracht.

Das Geweih

An Bambis wachsenden Geweihansätzen war deutlich eine erhöhte Temperatur zu spüren. Schon ab drei Monaten entwickeln Bockkitze Geweihansätze. Gesteuert wird das Wachstum durch das männliche Geschlechtshormon Testosteron, genauso wie der jährliche Abwurf des Geweihs im Herbst. Es ist in erster Linie dazu da, die Rangordnung auszufechten und zu verteidigen.

Das wachsende Gehörn der Kitzböcke ist von der absterbenden Basthaut umgeben, die abgescheuert (gefegt) wird. So hörten die Ansätze bei Bambi im Januar plötzlich auf zu wachsen und er begann, die Haut abzuscheuern. Um die Möbel zu schonen, fertigten wir einen Fegeplatz aus rauen Straßenbesen, den Bambi sehr gerne annahm.

Bei einjährigen Böcken (Jährlinge) ist das Geweih als einfacher, unverzweigter Spieß ausgebildet und später, wenn die Böcke älter sind, fällt das Geweih jedes Jahr im Herbst ab und beginnt dann unter der Basthaut neu zu wachsen. An den Kolbenden befinden sich mehrere Duftdrüsen und so hinterlassen die Böcke beim Fegen Duftmarken, mit denen sie ihre Reviere für die Brunft abstecken (siehe dazu auch S. 33). Vor allem beim Aufschlagen des Waldbodens mit den Vorderläufen verteilen sie ihren Duft.

Rehböcke fegen jedes Jahr den über ihrem Geweih liegenden Bast ab. Ältere Böcke werfen ihr Geweih im Spätherbst ab und »schieben« im Frühling das neue. Zwischen drei und sechs Jahren tragen sie ihr stärkstes Geweih.

Bambi versuchte, den Ball von der Mitte im Garten mit seinen Hörnern in die Ecke zu treiben. Dabei ging er sehr energisch vor. Hatte er sein Ziel erreicht, war er zufrieden und ausgeglichen.

Wildtier bleibt Wildtier

Trotz allem Schönen, was passiert war, und trotz unserer ungewöhnlichen Hausgemeinschaft war uns schmerzlich bewusst, dass Bambi immer ein Wildtier bleiben würde. Obwohl er stubenrein geworden war und zusammen mit den Hunden bei uns im Schlafzimmer schlief und mit uns zusammen wieder aufstand, hatte er seine tierischen Instinkte nicht verloren. Wenn Bambi zum Beispiel ein fremdes lautes Geräusch wahrnahm, flüchtete er aus dem Garten in das sichere Haus, und genauso auch andersherum, vom Haus in den Garten. Sobald unser Böckchen in Bedrängnis kam, ging es in Abwehrstellung, senkte seinen Kopf und stampfte mit den Hufen.

Beim Spielen mit dem Ball im Garten übte Bambi, sich zu verteidigen. Dabei ging er sehr kraftvoll und dennoch elegant mit dem Fußball um, den er mit dem Kopf in eine bestimmte Ecke des Gartens stieß. Sobald der Ball in seiner ausgewählten Ecke war, hatte Bambi sein Ziel erreicht und »gewonnen«. Schnaufend ging er dann vom Garten wieder ins Haus zurück. Auf diese Weise tobte sich unser Reh zwischendurch richtig aus, wie um seine überschüssige Kraft und Energie loszuwerden.

Nach wie vor verstand sich Bambi mit den Hunden aber sehr gut. Zola und Tequila merkten, wenn er übermütig war, und gingen ihm in solchen Situationen einfach aus dem Weg. So entstanden keine Konflikte zwischen ihnen und unserem halbstarken Bambi.

Zukunftspläne

Wir überlegten uns, wie schön es wäre, wenn Bambi Kontakt zu seinen Artgenossen bekäme und so natürlich wie möglich sein Leben genießen könnte.

Wir wussten aber, dass eine Auswilderung sehr schwer werden würde, da unser Rehkitz sich so an Mensch und Hund gewöhnt hatte. Es hat sich schon oft gezeigt, dass Kitze, die von Hand aufgezogen wurden, beim Auswildern Schwierigkeiten bereiten. Gerade bei Bockkitzen ist es kompliziert, da sie auf Menschen geprägt sind und es passieren kann, dass sie diese auch als Kampfpartner sehen und angreifen. Sie werden dann als gefährlich eingestuft und aus Sicherheitsgründen abgeschossen.

Eine andere Möglichkeit, Rehe auszuwildern, ist, sie in ein Rehgatter abzugeben, wie wir es auch hier in der Nähe haben. Es leben ca. 40 Tiere darin. Diese landen aber früher oder später im Kochtopf. Das wollten wir unserem Bambi ersparen und ihn lieber an einen Wildpark abgeben. Zwar ist es äußerst schwierig, Bockkitze im Wildpark unterzubringen, wenn dort schon ein Rehbock anwesend ist; im Tierpark ist aber die Lebenserwartung höher und das Tier hätte Kontakt zu Menschen, etwa wenn sie es füttern. Für den Wildpark sprach außerdem, dass wir Bambi dort öfter besuchen und nach ihm schauen konnten. Wir planten, die Patenschaft für ihn zu übernehmen.

Bambi wuchs langsam zu einem richtigen Rehbock heran. Wir wollten für ihn ein möglichst natürliches Leben, auch wenn es uns schwerfiel, uns von ihm zu trennen.

Im Wildtierpark fütterte ich die
zwei weiblichen Rehe, die ebenfalls
dort aufgenommen worden waren.
Wir wünschten uns, dass Bambi
sich gut eingliedern und eine eigene
kleine Familie gründen würde.

Bambis neue Unterkunft

Durch den Medienrummel um Bambi hatten sich mehrere Wildparks telefonisch bei uns gemeldet. Wir beschlossen, uns erst einmal über die jeweiligen Homepages einen Eindruck zu verschaffen und eine Vorauswahl zu treffen. Unsere Entscheidung fiel auf den Bergwildpark Meißner im Werratal, in dem fast alle einheimischen Wildarten zu sehen sind.

Wir beschlossen also, Kontakt aufzunehmen und den Tierpark zu besuchen. Dort wurden wir freundlich empfangen und trafen unter anderem den Vorstand des Tierparks und den Bürgermeister von Germerode. Auch die lokale Presse begleitete uns bei unserem Besuch.

Der erste Eindruck war sehr positiv. Die Ziegen begrüßten uns am Eingangstor und alle Tiere wirkten glücklich und gesund. Wir besichtigten den sehr gepflegten Wildtierpark, der auch einen schönen großen Spielplatz für Kinder hat.

Was uns mit Blick auf Bambi besonders gefiel, war das Konzept des Tierparks: Rehwild, Damwild und Rotwild sind freilaufend anzutreffen und haben insgesamt eine Fläche von 24 Hektar zur Verfügung. Manche kommen zutraulich zu den Besuchern heran und lassen sich streicheln und aus der Hand füttern.

Unter dem Rehwild befanden sich auch zwei weibliche Rehe, die ebenfalls Flaschenkinder waren, also auch von Menschenhand aufgezogen wurden. Wir waren der Meinung, dass das sehr gut zu unserem Bambi passen würde und unser Bock nun die Möglichkeit bekommen würde, seine eigene Herde zu gründen.

Schwerer Abschied

Der Abschied rückte nun immer näher. In ein paar Tagen würde unser Rehbock uns verlassen. Unsere Entscheidung war endgültig auf den Bergwildpark Meißner gefallen, wo Bambi hoffentlich ein langes und erfülltes Leben haben würde. Wir bereiteten ihn ganz langsam darauf vor. So blieb immer einer von uns bei dem Reh, während der andere mit den Hunden spazieren ging. Bambi vermisste die Hunde immer so sehr, dass er sofort anfing zu fiepen und im ganzen Haus herumzulaufen. Dort schaute er in alle Zimmer und suchte auch im Garten nach ihnen. Unser Kitzbock lief unentwegt hin und her und blieb zwischendurch nur immer wieder stehen, um nach Zola und Tequila zu lauschen. Er gab erst dann wieder Ruhe, wenn er die Hunde von Weitem kommen hörte. Zola und Tequila waren noch nicht mal am Haus angekommen, da stand Bambi schon an der Haustür und wartete darauf, dass sie hereinkamen. Kaum waren sie endlich in der Wohnung, schleckte Bambi die Hunde zur Begrüßung ab. Dieses Prozedere durchliefen wir einen Monat lang zur

Bambi hatte sich schon so sehr an die Hunde gewöhnt. Vor allem seine Ersatzmama Zola wollte er immer um sich haben. Unser Reh kam aber in ein Alter, in dem sich Kitze in freier Natur von ihrer Mutter trennen.

Im Wildtierpark angekommen, traute sich Bambi anfangs gar nicht aus dem Anhänger heraus. Letztendlich lockte ihn die Neugierde dann doch ins Freie.

Übung, damit sich Bambi daran gewöhnte, das Muttertier (Zola) zu verlassen. Wir legten diese Entwöhnungsphase in die Monate April bis Mai, in denen sich auch in freier Wildbahn das Rehkitz langsam vom Muttertier löst.

Auf zur letzten Fahrt

An dem Morgen, an dem wir Bambi zur Abfahrt bereit machten, waren wir alle sehr aufgeregt. Kurze Ausflüge war Bambi schon gewohnt und einen größeren Ausflug nach Frankfurt ins Fernsehstudio hatte er ja auch schon erlebt.

Wir hatten ein Dachfenster mit Belüftung in den Anhänger montiert, in dem wir Bambi transportieren würden. Zusätzlich baute Peter eine Überwachungskamera in den Kofferanhänger mit ein, damit wir unser Rehkitz während der langen Fahrt im Auto beobachten und im Blick behalten konnten. Die Hunde blieben traurig zu Hause zurück. Wir hatten unsere Nachbarin gebeten, nach ihnen zu schauen. Nach dreistündiger Fahrt kamen wir mit gemischten Gefühlen beim Wildpark an und wurden von Fernsehteams, Presse und vom Vorstand des Bergtierparks Meißner und dem Bürgermeister empfangen. Erste Interviews wurden gegeben und erste Filmszenen wurden gedreht. Viele Besucher waren gespannt auf den berühmt gewordenen Bambi. Zuerst wollten wir ihn am Haupteingang ins Freie lassen, aber da dort ein großer Andrang herrschte, wollte unser Rehkitz nicht aus dem Anhänger. So beschlossen wir und der Tierpfleger, Bambi direkt auf dem Parkgelände abzuladen. Dort öffneten wir zum zweiten Mal den Anhänger. Presse und Kamerateams waren auch dort, standen aber nicht so beengt wie am Haupttor. Dennoch traute sich

Bambi anfangs nicht heraus. Doch dann schauten neugierig zwei Augenpaare in seinen Anhänger: Klötzchen und Lisa, die zwei Rehdamen aus dem Bergwildpark Meißner, hießen Bambi willkommen.

Nach gutem Zureden ging Bambi den grünen Teppich der Rampe herunter. Die zwei Rehgeißen hatten sein Interesse geweckt. Anfangs ging er ein bisschen ängstlich im Wildpark umher und folgte Ricke Lisa. Dann verschwanden die beiden im Wald und wir sahen sie nur noch kurz am Zaun. Nach einer längeren Pause machten wir uns auf den Weg, um Bambi im Bergwildpark zu suchen. Wir fanden ihn zusammen mit Ricke Lisa am hinteren Teil des Geländes. Doch Bambi kümmerte sich nicht um Lisa, sondern ging aufgeregt am Zaun auf und ab, suchte nach seiner Familie Tequila und Zola. Wir verabschiedeten uns noch einmal von ihm und fuhren ohne unser Rehböckchen nach Hause. Als wir zu Hause ankamen, wurden wir freudig von Zola und Tequila empfangen. Doch wo war Bambi? Die Hunde schauten uns mit traurigen Augen an. Bambis Stammplatz auf dem Sofa war leer. Die erste Nacht waren wir alle sehr unruhig und keiner von uns konnte gut schlafen. Die Hunde waren aufgeregt und liefen suchend im ganzen Haus herum. Bambi fehlte uns, ohne ihn war das Haus auf einmal sehr ruhig geworden.

Presse, Kamerateams und viele Besucher warteten gespannt vor Ort auf unser Bambi. Sie alle wollten die Auswilderung unseres Rehbockes miterleben.

Am nächsten Morgen riefen wir den Tierpfleger an und erkundigten uns nach Bambis Befinden. Der Pfleger berichtete, dass Bambi trauerte – er fiepte und ging suchend am Zaun auf und ab. Daraufhin beschlossen wir, ihn gleich am nächsten Tag zu besuchen. So machten wir uns erneut auf den weiten Weg zum Wildtierpark. Dort angekommen fanden wir Bambi trauernd vor. Unser Rehbock hatte sichtlich an Gewicht verloren. Wir blieben fünf Stunden bei ihm und fütterten ihn mit seiner Lieblingsspeise – Löwenzahn. Als er sich gegen Abend erholt hatte, gingen wir mit ihm eine Runde durch das Parkgelände.

Am Abend danach fuhren wir mit gemischten Gefühlen zurück und fragten uns, ob Bambi die Umstellung ertragen und sich an ein Leben im Bergwildpark gewöhnen würde.

Ein paar Tage später fuhren wir wieder zu ihm. Im Gehege trafen wir Bambi nicht an seinem Stammplatz vor dem Zaun an und wir ahnten Schlimmes. War ihm etwas zugestoßen? Wir riefen nach ihm und auf einmal stand er neben uns. Wir waren so erleichtert, ihn in einem besseren Zustand zu sehen. Bambi war nun sichtlich im Tierpark angekommen.

Wir hatten große Sorge, dass Bambi sich nicht im Tierpark eingewöhnen würde. Die erste Zeit aß er kaum und trauerte. Als wir ihn zum zweiten Mal besuchten, waren wir sehr erleichtert und froh, ihn wohlauf zu sehen.

Neuer Zuwachs

Bambis Lieblingsplatz auf dem Sofa, wo er und die Hunde jeden Abend miteinander gelegen hatten, war leer. Zola und Tequila lagen nun oft in der Ecke und trauerten sehr. Wir hatten nicht erwartet, dass der Abschied nicht nur dem Reh und uns schwerfallen würde, sondern besonders den Hunden. So konnte es nicht weitergehen. Nach längerem Überlegen beschlossen wir, ein neues Familienmitglied bei uns aufzunehmen. Wir durchforsteten Anzeigen im Internet und wurden auf einen kleinen Wirbelwind namens Sunny aufmerksam. Das kleine Maltesermädchen von zehn Wochen sollte wieder neuen Schwung in unser Reihenhaus bringen. Und so kam es auch. Sunny ist verspielt, gutmütig, furchtlos und ab und zu ein frecher kleiner Flitzer. Sie ist sehr intelligent und lernt sehr viel von Zola und Tequila. Durch sie lebten die Hunde langsam wieder auf. Nun ging es allen wieder gut.

Wir bekamen regelmäßig Nachrichten vom Tierpfleger aus dem Bergwildpark Meißner. Er schickte uns Fotos und kleine Videos von Bambi. Sichtlich gut hat er sich eingelebt und streift nun neugierig im Bergtierpark herum. Dann haben wir wohl alles richtig gemacht. Wir werden ihn regelmäßig mit Freude besuchen.

Diesen Zuwachs hatten wir eigentlich nicht geplant, aber Sunny bereichert unser Leben und schenkt Zola und Tequila neue Lebensfreude. Endlich regt sich wieder etwas!

Sunny, unser Sonnenschein

Der Malteser ist dem Wesen nach ein anschmiegsamer und aufgeweckter Hund. Er baut eine enge Beziehung zu seinen Menschen auf und versteht sich gut mit anderen Artgenossen, was wir auch von Sunny behaupten können. Zuwendung und Streicheleinheiten nimmt sie besonders gerne entgegen. Sie wird einmal nur 3 bis 4 kg schwer und bis zu 20–25 cm groß werden, aber Tequila und Zola steht sie in nichts nach. Sie braucht ausgedehnte Spaziergänge, Spiele und andere Aktivitäten. Malteser sind nicht nur intelligent und temperamentvoll, sondern gehen, neugierig wie sie sind, auch gerne auf Spurensuche. Vermutlich stammen sie ursprünglich aus dem Mittelmeerraum, wo sie auf Schiffen und in Häfen eingesetzt wurden, um Mäuse und Ratten zu jagen. Der Malteser ist nicht nur ein »Schoßhündchen«, sondern sollte schon gefördert und gefordert werden. So ist er auch bestens als Familienhund geeignet, der robust ist und eine hohe Lebenserwartung hat.

Sunny jedenfalls ist eine große Bereicherung für uns. Dank ihr fühlen wir uns wieder komplett.

Sunny ist ein liebenswerter und frecher kleiner Hund. Mit ihr ist die Dreiergemeinschaft wieder komplett und sie bringt uns viel Freude ins Haus.

Rückblick

Niemals hätten wir gedacht, dass zwischen einem Wildtier und unseren Hunden so eine enge Beziehung entstehen kann. Wir waren nicht selten erstaunt über das, was wir mit Bambi erlebt haben. In der Zeit, in der er bei uns lebte, hatten wir auch öfter einmal Besuch von einem Eichelhäher, der ebenfalls von Hand großgezogen wurde. Er war damals aus dem Nest gefallen und wurde von unseren Nachbarn hochgepäppelt. Der Vogel kam öfter zu uns, wenn er den Rasselball im Garten hörte. Das ist das Spielzeug der Hunde und auch unser Rehbock spielte damit. Dann kam der Eichelhäher geflogen und setzte sich auf einen Baum im Garten, um den Hunden und Bambi beim Herumtollen zuzusehen. Die Hunde und das Reh bemerkten den Zuschauer und schauten ebenfalls zu ihm hoch. Solch ein Verhalten unter Tieren ist unglaublich und fantastisch anzusehen.

So wie wir Tequila und Zola erzogen haben, mit guter Erziehung und viel Liebe, gaben sie es an das Rehkitz weiter. Sie nahmen Bambi in ihrem Herzen auf und betrachteten ihn als Familienmitglied.

Auch wenn es viel Arbeit und Zeit benötigt, ein Rehkitz aufzuziehen, war es eine wunderschöne Erfahrung in unserem Leben. Wir werden diese Zeit niemals vergessen und für immer in unserer Erinnerung behalten.

Der Eichelhäher besuchte regelmäßig unseren Garten und erregte auch die Aufmerksamkeit von Bambi und den Hunden. Ein sehr ungewöhnliches Aufeinandertreffen.

Weiterführende Quellen

Wikipedia.org, Rehkitzhilfe.de

Wildtierhilfe – Odenwald.de

Wald.de

Merkwuerdig.org

Danksagung

Bedanken möchten wir uns in erster Linie bei Bambi selbst, ohne ihn wäre das Buch nie entstanden. Und auch nicht, wenn Bambi nicht von den Hündinnen Tequila und Zola gerettet worden wäre. Die beiden haben Bambi sofort ins Herz geschlossen und Zola hat die Mutterrolle mit Bravour übernommen.

Unser Dank gilt auch der Nachbarschaft, die uns ermöglichte, ab und zu ihren Garten zu nutzen. Einen besonderen Dank an Mamas Familie, die uns unterstützte, wo immer sie konnte. Auch bei unseren Freunden, die wir in dieser Zeit, als wir Bambi betreuten, ein bisschen vernachlässigt haben, möchten wir uns bedanken. Besonderen Dank an den Bürgermeister Friedhelm Junghans und den Vorstand des Bergwildparks Meißner, der Bambi in seinen großzügig angelegten Tiergehegen aufgenommen hat. Wir bedanken uns auch bei dem Tierpfleger Wilfried Eberhardt und seinem Team für die besondere Pflege von Bambi im Wildtierpark.

Wir danken Elena Gabler für die gute Zusammenarbeit mit dem BLV-Buchverlag. Es hat uns sehr viel Freude bereitet, das Buch mit ihr zu überarbeiten. Ein Dankeschön an alle, die an diesem Buch mitgewirkt haben.

Es war eine wunderschöne Zeit mit Bambi, die wir immer in Erinnerung behalten werden. Wir wünschen Bambi ein langes und glückliches Leben im Bergwildpark Meißner.

Über die Autoren

Anja Pahlen und **Peter Göbel** lieben die Natur und die Fotografie. Anja ist gelernte Altenpflegerin und Peter arbeitet als Forstwirt. Peter ist außerdem seit über 35 Jahren mit der Jägerschaft eng verbunden und engagiert sich als Mitarbeiter der Pflegegemeinschaft Groß-Zimmern für den Naturschutz. Die Autoren stellen Designer-Möbel aus Naturholz her und haben ein rückenschonendes Pflanzgerät erfunden. Sie leben mit ihren Hunden Tequila, Zola und Sunny im Kreis Darmstadt-Dieburg. Zusammen sind sie »Penja«: www.penja.net

Impressum

Bibliografische Information der Deutschen Nationalbibliothek
Die Deutsche Nationalbibliothek verzeichnet diese Publikation in der Deutschen Nationalbibliografie; detaillierte bibliografische Daten sind im Internet über http://dnb.d-nb.de abrufbar.

BLV Buchverlag
GmbH & Co. KG

80636 München

© 2019 BLV Buchverlag GmbH & Co. KG, München

Das Werk einschließlich aller seiner Teile ist urheberrechtlich geschützt. Jede Verwertung außerhalb der engen Grenzen des Urheberrechtsgesetzes ist ohne Zustimmung des Verlags unzulässig und strafbar. Das gilt insbesondere für Vervielfältigungen, Übersetzungen, Mikroverfilmungen und die Einspeicherung und Verarbeitung in elektronischen Systemen.

 www.facebook.com/blvVerlag

Bildnachweis
Alle Fotos von Anja Pahlen und Peter Göbel außer:
Andreas Rose – shutterstock.com: 35u
Dieter Hopf/LBV Bildarchiv: 35o
Erik Mandre – shutterstock.com: 43
Holly Kuchera – shutterstock.com: 63
Ihor Hvozdetskyi – shutterstock.com: 27

Ivan Godal – shutterstock.com: 33
Karel Bartik – shutterstock.com: 35m
Karel Smilek – shutterstock.com: 28
Lubos Chlubny – shutterstock.com: 26
Marco Rolleman – shutterstock.com: 38
mauritius images/Buiten-Beeld/Dick Pasman: 32
mauritius images/Hans Blossey: 42
mauritius images/Minden Pictures / Mark Raycroft: 23u
mauritius images/Reiner Bernhardt: 25
mauritius images/Reiner Bernhardt: 34
mauritius images/Zoonar GmbH/Alamy: 72
Paul Tessier – shutterstock.com: 23o
Petr Baumann – shutterstock.com: 40
Red Squirrel – shutterstock.com: 30
TTphoto – shutterstock.com: 31
Yure – shutterstock.com: 39

Umschlagkonzeption und -gestaltung: BLV-Verlag
Umschlagfotos: Anja Pahlen und Peter Göbel

Lektorat: Elena Gabler
Herstellung: Angelika Tröger
Layoutkonzeption Innenteil: griesbeck design, München
Layout: Kathrin Michel, München

Gedruckt auf chlorfrei gebleichtem Papier

Printed in Germany
ISBN 978-3-8354-1874-5

Hinweis
Das vorliegende Buch wurde sorgfältig erarbeitet. Dennoch erfolgen alle Angaben ohne Gewähr. Weder Autorin noch Verlag können für eventuelle Nachteile oder Schäden, die aus den im Buch vorgestellten Informationen resultieren, eine Haftung übernehmen.

Das geheime Leben der niedlichen Minibilche

KORINNA SEYBOLD

Mit Praxistipps & Bauprojekten zum Haselmaus-schutz

ISBN 978-3-8354-1788-5

Haselmaus ganz nah
Den kleinen Kletterkünstlern auf der Spur

blv

Die BLV Schwerpunkt-Themen:
Garten, Natur, Jagd, Angeln, Sport, Gesundheit,
Fitness, Kochen und Kreativ Selbermachen.

Versandkostenfrei bestellen: www.blv.de